BEI GRIN MACHT SICH IHR WISSEN BEZAHLT

AF167285

- Wir veröffentlichen Ihre Hausarbeit,
  Bachelor- und Masterarbeit

- Ihr eigenes eBook und Buch -
  weltweit in allen wichtigen Shops

- Verdienen Sie an jedem Verkauf

Jetzt bei www.GRIN.com hochladen und kostenlos publizieren

Bibliografische Information der Deutschen Nationalbibliothek:

Die Deutsche Bibliothek verzeichnet diese Publikation in der Deutschen National-
bibliografie; detaillierte bibliografische Daten sind im Internet über http://dnb.d-
nb.de/ abrufbar.

Dieses Werk sowie alle darin enthaltenen einzelnen Beiträge und Abbildungen
sind urheberrechtlich geschützt. Jede Verwertung, die nicht ausdrücklich vom
Urheberrechtsschutz zugelassen ist, bedarf der vorherigen Zustimmung des Verla-
ges. Das gilt insbesondere für Vervielfältigungen, Bearbeitungen, Übersetzungen,
Mikroverfilmungen, Auswertungen durch Datenbanken und für die Einspeicherung
und Verarbeitung in elektronische Systeme. Alle Rechte, auch die des auszugsweisen
Nachdrucks, der fotomechanischen Wiedergabe (einschließlich Mikrokopie) sowie
der Auswertung durch Datenbanken oder ähnliche Einrichtungen, vorbehalten.

Impressum:

Copyright © 2020 GRIN Verlag
Druck und Bindung: Books on Demand GmbH, Norderstedt Germany
ISBN: 9783346229007

Dieses Buch bei GRIN:

https://www.grin.com/document/920022

Dominic Anlauf

Grundlagen und Anwendungsgebiete der Fuzzy-Mengenlehre

GRIN Verlag

GRIN - Your knowledge has value

Der GRIN Verlag publiziert seit 1998 wissenschaftliche Arbeiten von Studenten, Hochschullehrern und anderen Akademikern als eBook und gedrucktes Buch. Die Verlagswebsite www.grin.com ist die ideale Plattform zur Veröffentlichung von Hausarbeiten, Abschlussarbeiten, wissenschaftlichen Aufsätzen, Dissertationen und Fachbüchern.

Besuchen Sie uns im Internet:

http://www.grin.com/

http://www.facebook.com/grincom

http://www.twitter.com/grin_com

Dominic Anlauf

Assignment

Modul: SYD81 Systemdesign

Einführung in die Fuzzy-Mengenlehre

Schönkirchen, 22.07.20

Inhaltsverzeichnis

Abbildungsverzeichnis

1 Einleitung

Die Zweiwertigkeit - auch binäre Logik genannt - basiert auf Aristoteles und bedeutet, dass etwas einer Menge zugehörig ist oder nicht. Reproduziert man diese Logik auf die Realität, so wird schnell offensichtlich, dass eine klare Einteilung in Schwarz und Weiß in der Wirklichkeit nicht immer möglich und ratsam ist. Die Graustufen machen das Leben aus und nicht die vorangegangene Einteilung in Schwarz und Weiß. Eine gute Analogie für diesen Sachverhalt bietet ein gefülltes Glas Wasser. Trinkt eine Person nun einen großen Schluck des Wassers, ist das Glas weder voll, noch ist es leer. Wobei handelt es sich nun also bei diesem Glas? Ist es ein Glas Wasser oder ist es keins? Wird ein weiterer Schluck genommen, sodass nur noch ein Rest Flüssigkeit übrig ist, wird das Problem noch gravierender. Die Fuzzy-Logik stellt einen Paradigmenwechsel in der Mathematik dar und führt weg von Schwarzweiß hin zum Grau, von der Zweiwertigkeit in die Vielwertigkeit. Die Fuzzigkeit beschreibt die Zwischenstufen, die ein Maß für die Zugehörigkeit zu einem Ding sind.[1] Für das Beispiel des Glas Wassers bedeutet das, dass ein Glas Wasser nicht nur voll und leer sein kann, sondern auch fast voll, halbvoll und fast leer sein kann. Die Menge der Stufen gilt es sinnvoll festzulegen. Die klassische binäre Logik stellt einen Sonderfall der Fuzzy-Logik dar, nämlich den schwarzweißen Fall. Doch wie sieht die Grundlage dieser Logik genau aus und welche praktischen Anwendungen gibt es?

Ziel der vorliegenden Arbeit ist es, die Grundlagen der Fuzzy-Mengenlehre zu beschreiben und praktische Anwendungsgebiete für die genannte Mengenlehre anzuführen. Weiter wird eine Prognose aufgestellt, die den zukünftigen Einsatz der Fuzzy-Theorie erörtert.

Zu Beginn der vorliegenden Arbeit wird der mathematische Teilbereich der Mengenlehre in seinen Grundzügen dargestellt und die Herkunft und Geschichte der Fuzzy Theorie zusammengefasst. So wird ein semantisch einheitliches Fundament erzeugt und ein Grundverständnis der Thematik vermittelt. Im nächsten Abschnitt des Assignments wird konkret auf die Fuzzy-Mengenlehre eingegangen, wobei die essentiellen Grundregeln im Vordergrund stehen. Folgend werden verschiedene Anwendungsgebiete herausgearbeitet, um die Praktikabilität der Fuzzy-Theorie zu unterstreichen. Darauf aufbauend werden im letzten Kapitel die erarbeiteten Ergebnisse zusammengefasst, reflektiert und interpretiert.

---

[1] Vgl. Jerems/Fritz (o. J.), S.5ff.

2 Konzeptionelle Grundlagen

Im vorliegenden Kapitel wird dargestellt, was grundsätzlich unter dem Begriff der Mengenlehre zu verstehen ist. Zusätzlich werden die fundamentalsten Mengenoperationen vorgestellt und ergänzend wird auf die Entstehung der Fuzzy-Theorie eingegangen, sodass ein umfassendes Grundverständnis über die Begrifflichkeit der Mengenlehre und ein Einblick in die Entstehung der Fuzzy-Mengenlehre geschaffen wird.

2.1 Grundkenntnisse Mengenlehre

Um den Bereich der Mengenlehre beschreiben zu können, sollte an erster Stelle geklärt werden, was eine Menge ist. Prinzipiell lässt sich festhalten, dass Mengen die Basis der Mathematik sind. Eine wohldefinierte Gesamtheit eindeutig unterscheidbarer Elemente wird unter dem Begriff der Menge zusammengefasst. Allgemein werden Mengen mit großen lateinischen Buchstaben *(A, B, C, etc.)* bezeichnet. Eine Menge besteht aus Elementen, welche in der Regel mit kleinen lateinischen Buchstaben abgekürzt werden. Die Elemente einer Menge fasst man mit geschweiften Klammern zusammen, beispielsweise: $A = \{a, b, c\}$. Ein Element kann in einer Menge durch Mehrfachnennung öfter auftreten - es zählt jedoch nur als ein Element.[2] Möchte man formulieren, dass ein Element in einer Menge enthalten ist, so lässt sich dieser Sachverhalt durch das Zeichen $\in$ beschreiben. In einem Beispiel zusammengefasst gehören von den drei Elementen Paprika, Banane und Apfel, die Elemente Banane und Apfel zu der Menge Obst – mathematisch ausgedrückt: *Banane, Apfel $\in$ Obst; Paprika $\notin$ Obst.* [3]

Ein weiteres Merkmal der Mengen ist, dass diese durch Mengenoperationen miteinander verknüpft werden können. Zu den Operationen zählen die Vereinigung $(A \cup B)$, welche alle Elemente enthält, die entweder in der einen oder anderen Menge vorhanden sind. Natürlich lassen sich noch mehr Mengen miteinander verknüpfen – im Sinne der Übersichtlichkeit und Verständlichkeit wird sich bei der Beschreibung der Operationen allerdings immer auf zwei Mengen bezogen, die mit A und B bezeichnet werden. Eine weitere Mengenoperation ist der Durchschnitt, welcher alle Elemente enthält, die sowohl in A als auch in B enthalten sind $(A \cap B)$.[4] Die Differenz zweier Mengen hingegen enthält alle Elemente von A, die nicht in B enthalten sind. Ausgeschrieben wird

---

[2] Vgl. Kohn/Öztürk (2018), S.4.
[3] Vgl. Kohn/Öztürk (2018), S.5ff.
[4] Vgl. Kohn/Öztürk (2018), S.7ff.

dieser Sachverhalt wie folgt festgehalten: $A \setminus B$. Als letzte Operation sei das Komplement genannt. Das Komplement der Menge A (A^C) bezüglich der Universalmenge Ω enthält alle Elemente der Menge Ω, die nicht in A enthalten sind. Dieser Sachverhalt sei an einem Beispiel erläutert: A ist die Menge von Studenten, die Kunst studieren. Die Komplementmenge von A sind alle Studierenden, die nicht Kunst studieren. Um den Rahmen des Assignments nicht zu sprengen, wird darauf verzichtet, die verschiedenen Mengengesetze vorzustellen - diese werden im Verlauf des Assignments im Kaptiel der Fuzzy-Mengenlehre erörtert.[5]

2.2 Herkunft der Fuzzy-Mengenlehre

Der Begründer der Fuzzy Theorie ist der aserbaidschanische Elektroingenieur Lofti A. Zadeh (1921 – 2017), welcher im Jahr 1965 die Fuzzy-Logik in seinem Artikel *Fuzzy-Sets* einführte. Wie bereits erwähnt, liegt der Unterschied der Fuzzy-Logik gegenüber der klassischen Booleschen- oder binären Logik darin, dass die Fuzzy-Theorie einen stetigen Übergang zwischen Zugehörigkeit und Nichtzugehörigkeit einer Aussage zu einer Menge durch eine Abbildung der Wahrheits- oder Zugehörigkeitswerte in einem abgeschlossenen Intervall [0,1] bietet. Häufig liegen die Werte in Form von verbalen Ausdrücken vor wie beispielsweise sehr falsch, falsch, wahr, sehr wahr und werden mit Hilfe von charakteristischen Funktionen auf die numerischen Wahrheitswerte abgebildet.[6]

3 Fuzzy Mengenlehre

Im vorliegenden Abschnitt wird die natürliche Sprache mit formalen mathematischen Modellen verglichen. Außerdem werden die wesentlichen Unterschiede zwischen den klassischen Mengen und den Fuzzy-Sets herausgearbeitet und Operatoren der Fuzzy Mengenlehre vorgestellt. Auch dabei gilt es immer wieder die klassische Mengenlehre aufzugreifen. Nachfolgend werden Fuzzy-Relationen und Fuzzy-Expertensysteme beschrieben und der klassische Aufbau eines Expertensystems ergänzt.

3.1 Formale Modelle und natürliche Sprache

Wie bereits beschrieben, basiert die klassische Mengenlehre darauf, dass alle formal-logischen Aussagen stets eine der beiden Wahrheitswerte wahr oder falsch einnimmt. Die Beschreibung eines formalen Modells geschieht in einer Terminologie, die strikteren Regeln folgt als die

---

[5] Vgl. Kohn/Öztürk (2018), S.10.
[6] Vgl. Bothe, H.-H. (1995), S.2.

natürliche Umgangssprache.[7] Wird für die Lösung einer Aufgabe oder eines Problems ein formales Modell verwendet, welches die Realität vereinfacht darstellt und mit eindeutiger Zugehörigkeit zu einem Wahrheitswert belegt, stellt die Mathematik umfassende Werkzeuge zur Problemlösung zur Verfügung. Durch die strikteren Regeln der formalen Modelle, wird der Vorteil erlangt, dass Fehlinterpretationen vermieden, Vermutungen bewiesen und Zusammenhänge abgeleitet werden können.[8]

In der natürlichen Kommunikation spielen formale Modelle keine Rolle. Der Mensch ist darauf ausgelegt Informationen in natürlicher Sprache direkt zu verarbeiten, ohne zuvor Formalisierungen vorzunehmen. So kann ein Mensch bei einem Abend vor dem Kamin, die Aufforderung „Leg ein wenig Holz nach, wenn das Feuer weniger brennt" direkt umsetzen. Dabei wäre in der formalen Modellbildung durchaus wichtig, ab welcher Lichtmenge, wie viel Holz nachgelegt werden soll. Eine solche Vorgabe wäre beispielsweise nötig, wenn der Vorgang automatisiert werden soll. Der Mensch selbst könnte mit dieser Aussage weniger anfangen als mit der unpräziseren Vorgabe zuvor, da ihm verwehrt bleibt, ohne Hilfsmittel genaue physikalische Werte zu ermitteln. Dieser Sachverhalt verdeutlicht, dass Ungenauigkeit kein Nachteil sein muss. Die Ungenauigkeit ermöglicht es sogar in Situationen, in denen nur unvollständige oder widersprüchliche Informationen vorliegen, eine Entscheidung zu fällen.[9]

In der Regel verwenden Menschen innerhalb der natürlichen Sprache überwiegend unscharfe oder unpräzise Konzepte, wie sehr schnell, schwer, warm, bei denen eine eindeutige Entscheidung, ob einem Wert das entsprechende Attribut zuzuordnen ist, nicht möglich ist. Ein Grund dafür liegt darin, dass Attribute eine kontextabhängige Bedeutung besitzen – beispielsweise wird der Begriff klein in der Atomphysik anders interpretiert als in der Herstellung von Möbeln.[10] Durch das Einführen von Zwischenstufen - ein Wert ist also nicht mehr ganz oder gar nicht zugehörig zu einem Attribut, sondern kann auch teilweise dazu zählen – ist die Fuzzy-Theorie entstanden. Die Idee von Fuzzy-Mengen besteht darin, scharfe, zweiwertige Unterscheidungen gewöhnlicher Mengen aufzugeben.[11]

---

[7] Vgl. Kruse/Borgelt/Braune/Klawonn/Moewes/Steinbrecher (2015), S.289.
[8] Vgl. Kruse/Borgelt/Braune/Klawonn/Moewes/Steinbrecher (2015), S.289f.
[9] Vgl. Nischwitz/Fischer/Haberbäcker/Socher (2011), S.484.
[10] Vgl. Drechsel, D. (1996), S.1.
[11] Vgl. Kruse/Borgelt/Braune/Klawonn/Moewes/Steinbrecher (2015), S.290.

3.2 Scharfe Mengen und Fuzzy-Sets

Wie bereits beschrieben, wird in der klassischen Mengenlehre eine Menge allgemein als Teilmenge *(A)* von einer Grundmenge *(X)* beschrieben, welche sich aus einzelnen Elementen *(x)* zusammensetzt.[12] Eine Menge kann dabei unterschiedlich dargestellt werden[13]:

- Durch Auflistung der enthaltenen Elemente:

$$A = \{x_1, x_2, x_3, x_4, \dots, x_n\}$$

- Durch die Charakterisierung einer Eigenschaft, welche das Element haben muss:

$$A_{Scharf} = \{x \in N \mid x \geq 5 \text{ und } x \leq 13\}$$

- Durch eine charakteristische Funktion oder Zugehörigkeitsfunktion μ_A der Menge, die auch grafisch dargestellt werden kann, wie Abbildung 1 zu entnehmen ist:

$$\mu_A: X \rightarrow \{1, 0\}$$

$$\mu_A(x) = \begin{cases} 1 \text{ wenn } x \in A \\ 0 \text{ wenn } x \notin A \end{cases}$$

$$\mu_{Ascharf}(x) = \begin{cases} 1 \text{ für } 5 \leq x \leq 13 \\ 0 \text{ sonst} \end{cases}$$

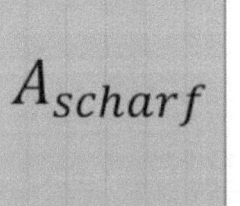

Abbildung 1: Scharfe Zugehörigkeitsfunktion (vergleiche Meier/Portmann 2019, S.3)

---

[12] gl. Nischwitz/Fischer/Haberbäcker/Socher (2011), S.484.
[12] Vgl. Drechsel, D. (1996), S.26f.
[13] Vgl. Kahlert/Hubert (1994), S.8ff.

Die Mengenzugehörigkeitsfunktion, welche die Elemente der Menge A umfasst, ist eine charakteristische Funktion - entweder gehört ein Element zur Menge A oder nicht.[14]

Gehen wir jetzt beispielsweise davon aus, dass unsere Beispielmenge A_{Scharf} das Alter für Teenager darstellen soll, die wir aufgrund einer Kundensegmentierung nutzen möchten. Da die Entwicklung eines Menschen stark individuell verläuft und sich stark von der eines anderen Menschen unterscheiden kann, lässt sich konstatieren, dass die scharfe Selektion der Klasse Teenager unserem Kundensegment nicht gerecht wird. So wäre der Sachverhalt bei einer scharfen Menge, wie folgt: Einige Momente vor dem dreizehnten Geburtstag springt jede Person von der Klasse der Nicht-Teenager in die Klasse der Teenager. Am Ende des neunzehnten Lebensjahres ist er binnen kürzester Zeit nicht mehr Teenager.[15]

Eine Möglichkeit diesen Sachverhalt zu korrigieren, ist es, die Zugehörigkeitsfunktion so zu verallgemeinern, dass die Werte nicht mehr nur 1 oder 0 einnehmen können, sondern auch Zwischenstufen abbilden können. Diese Zwischenstufen erlauben einen stetigen Übergang zwischen Zugehörigkeit und Nicht-Zugehörigkeit einer Aussage zu einer Menge. Eben dieser Übergang ist der Unterschied zwischen der klassischen Mengenlehre und dem Fuzzy-Set, welches auch als unscharfe Menge bezeichnet wird, da Aussagen verarbeitet werden können, die nur zu einem bestimmten Grad wahr oder falsch sind. Diese Eigenschaft der unscharfen Mengen eignet sich besonders für die Nachbildung gewisser Funktionen des menschlichen Denkens.[16] Bezogen auf unser Beispiel bedeutet das Umdenken von der klassischen Mengenlehre hin zu den unscharfen Mengen, dass der Begriff Teenager verallgemeinert wird – wir behaupten also dass eine zehnjährige Person kein Teenager, eine elfjährige Person zu einem Drittel Teenager, eine zwölfjährige Person zu zwei Drittel Teenager und eine dreizehnjährige Person zu einhundert Prozent ein Teenager ist. Analog dazu fällt die unscharfe Menge der Teenager ab dem 19. Und endet mit dem 22. Geburtstag.[17] Dieser Beschreibung zu Folge sieht die Zugehörigkeitsfunktion wie folgt aus:

---

[14] Vgl Meier/Portmann (2019), S.2f.
[15] Vgl. Meier/Portmann (2019), S.3ff.
[16] Vgl Unbehauen, H. (2008), S.337.
[17] Vgl. Meier/Portmann (2019), S.3ff.

$$\mu_{A_{fuzzy}}(x) = \begin{cases} 1 & f\ddot{u}r\ 13 \leq x \leq 19 \\ \left(\frac{x-10}{3}\right) & f\ddot{u}r\ 10 \leq x \leq 13 \\ \left(\frac{22-x}{3}\right) & f\ddot{u}r\ 19 \leq x \leq 22 \\ 0 & f\ddot{u}r\ x \leq 10\ und\ x \geq 22 \end{cases}$$

Oder grafisch dargestellt:

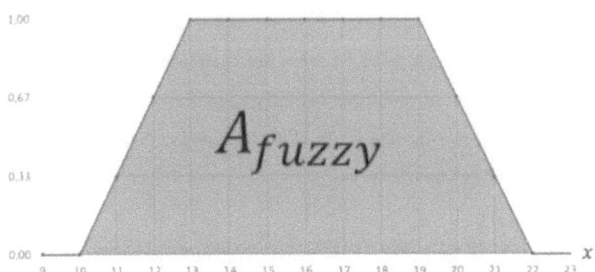

Abbildung 2: Fuzzy Zugehörigkeitsfunktion Beispiel Teenager (vergleiche Meier/Portmann 2019, S.3)

Abbildung 2 sind verschiedene Zugehörigkeitsgrade zu entnehmen, so gilt: Beträgt der Zugehörigkeitsgrad $\mu_A(x)$ eines Elements x eins, liegt der klassische Fall der Mengenlehre eines Elements vor. Beträgt er null, gehört das Element nicht dem Fuzzy-Set an.[18] Fuzzy-Sets mit einer trapezformigen Zugehörigkeitsfunktion bezeichnet man auch als Fuzzy-Intervalle. Der Name resultiert daraus, dass Fuzzy Intervalle ein zusammenhängendes Intervall von Elementen mit dem Zugehörigkeitsgrad eins besitzen. Dabei muss die Zugehörigkeitsfunktion eines Fuzzy-Sets allerdings nicht zwangsläufig eine Trapezform darstellen – auch Glocken-, Rechteck-, und Dreiecksformen sind möglich.[19]

3.3 Fuzzy-Mengenoperationen

Im zweiten Kapitel wurden bereits die grundlegenden Operationen der klassischen Mengenlehre beschrieben. Um diese vorangegangenen Informationen aufzufrischen, werden die genannten Operationen in Abbildung 3 zusammengefasst. Dabei stellt (1) den Durchschnitt, (2) die Vereinigung, (3) die Differenz und (4) das Komplement dar.

---

[18] Vgl. Frank, H. (2002), S.3f.
[19] Vgl. Drechsel, D. (1996), S.28ff.

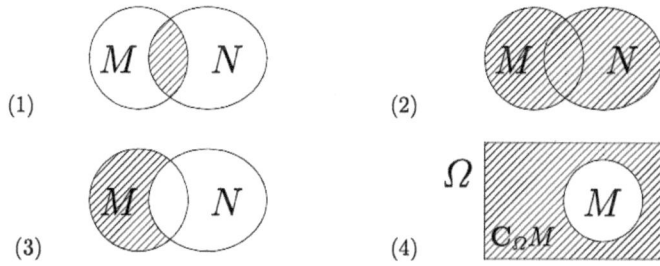

(1) (2) (3) (4)

Ω

$C_\Omega M$

M

Abbildung 3: Grundlegende Mengenoperationen im Venn-Diagramm (vergleiche Walter 2009, S.3.)

Für Fuzzy-Sets werden diese Operationen in der Form definiert, dass sie auch im Fall $\mu_A(x) = 1$, wenn ein Element einer unscharfen Menge einem Element einer scharfen Menge entspricht, mit den bekannten Definitionen übereinstimmen.[20] Zadeh formulierte Verallgemeinerungen für die mengenalgebraischen Operationen Vereinigung, Durchschnitt und Komplement wie folgt:[21]

- Für die Vereinigung zweier unscharfer Mengen A und B mit entsprechenden Zugehörigkeitsfunktion $\mu_A(x)$ und $\mu_B(x)$ gilt:

$$A \cap B: \mu_{A \cap B}(x) = min\{\mu_A(x), \mu_B(x)\}, x \in X$$

- Für den Durchschnitt zweier unscharfer Mengen A und B mit entsprechenden Zugehörigkeitsfunktion $\mu_A(x)$ und $\mu_B(x)$ gilt:

$$A \cup B: \mu_{A \cup B}(x) = max\{\mu_A(x), \mu_B(x)\}, x \in X$$

- Das Komplement einer unscharfen Menge A mit der Zugehörigkeitsfunktion $\mu_A(x)$ wird definiert als:

$$X \setminus A: \mu_{\bar{A}}(x) = 1 - \mu_A(x), \quad x \in X$$

Widmet man sich nun wieder dem Beispiel des vorangegangenen Unterkapitels, so lässt sich das Komplement $\mu_{\bar{A}}(x)$ der Fuzzy-Menge A_{Fuzzy} grafisch wie in Abbildung 4 darstellen.

---

[20] Vgl. Demant, B. (1993), S.13.
[21] Vgl. Unbehauen, H. (2008), S.343.

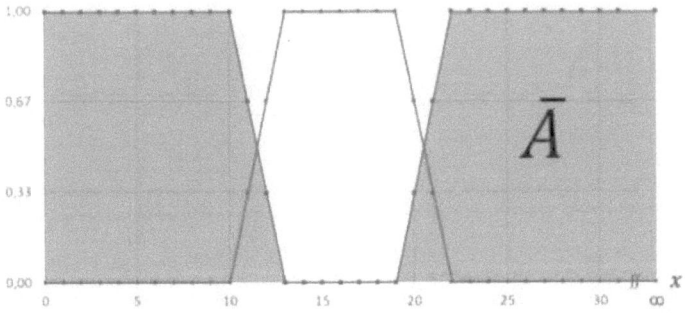

Abbildung 4: Fuzzy Komplement der Menge A_Fuzzy (vergleiche Schröder/Buss 2017, S.849)

Um den Durchschnitt oder die Vereinigung exemplarisch darstellen zu können, wird eine zweite unscharfe Menge benötigt, die mit der vorangegangenen Menge A_Fuzzy interagieren kann. Um dem Beispiel treu zu bleiben wird die Kundensegmentierung um die Klasse „Jugendliche" ergänzt.[22] Diese wird folgend definiert:

$$\mu_{B_{fuzzy}}(x) = \begin{cases} 1 & \text{für } 21 \leq x \leq 27 \\ \left(\frac{x-18}{3}\right) & \text{für } 18 \leq x \leq 21 \\ \left(\frac{30-x}{3}\right) & \text{für } 27 \leq x \leq 30 \\ 0 & \text{für } x \leq 18 \text{ und } x \geq 30 \end{cases}$$

Auf Grundlage dieser Menge lassen sich die Mengenoperationen $\mu_{A \cap B}(x)$ und $\mu_{A \cup B}(x)$ in Bezug auf die Kundensegmentierung grafisch festhalten. Abbildung 5 fasst die beiden Operationen zusammen.

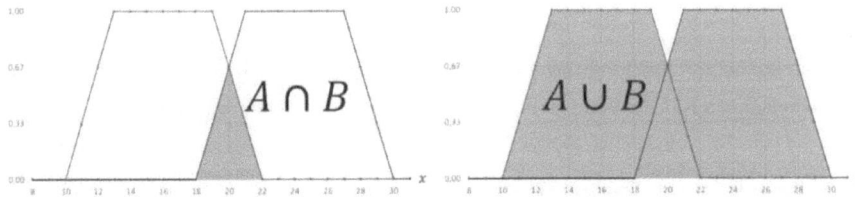

Abbildung 5: Fuzzy-Durchschnitt und Fuzzy-Vereinigung (vergleiche Schröder/Buss 2017, S.848)

---

[22] Vgl. Meier/Portmann (2019), S.6f.

3.4 Fuzzy-Relationen

Der abschließende Blick auf Fuzzy-Relationen unterscheidet sich zu den vorangegangenen Operatoren darin, dass sich diese nur auf Elemente der gleichen Grundmenge X beschränkten, während Relationen Wertepaare von Elementen aus verschiedenen Grundmengen X_l, ..., X_m stammen.[23] Durch Relationen können mehrere Bedingungen miteinander verknüpft werden, um ein übergreifendes Ergebnis zu erzielen. Um den Vergleich zur klassischen Mengenlehre herzustellen, wird im ersten Schritt auf diese eingegangen. Hierzu werden die folgenden diskreten Grundmengen betrachtet:

$$X = \{1, 2, 3, 4\}; \ Y = \{3, 4, 5, 6\}$$

Im nächsten Schritt kann die Relation R aller Wertepaare *(x, y)* $\in X \times Y$ bilden, für die $x < y$ gilt:

$$R = \{(1,3), (1,4), (1,5), (1,6), (2,3), (2,4), (2,5), (2,6), (3,4), (3,5), (3,6), (4,5), (4,6)\}$$

Man spricht in diesem Fall von einer zweistelligen Relation, da R aus Wertepaaren besteht. Eine übersichtliche Art der Darstellung für diesen Sachverhalt ist die Relationsmatrix[24], die Abbildung 6 zu entnehmen ist.

$R : x < y$	x \ y	3	4	5	6
	1	1	1	1	1
	2	1	1	1	1
	3	0	1	1	1
	4	0	0	1	1

Abbildung 6: Relationsmatrix der Beispielmengen X und Y (vergleiche Kahlert/Hubert 1994, S.23)

Reproduziert man das Beispiel auf die Fuzzy-Relation $\tilde{R}$, wird nicht nur das starre Intervall [1, 0] betrachtet, sondern auch Zugehörigkeitsgrade zwischen null und eins zugelassen. Eine Fuzzy-Relation über dem Produktraum $X_l \times \ldots \times X_n$ und den Grundmengen X_l, ..., X_m ist wie folgt definiert:

$$\tilde{R} = \{((x_1, \ldots, x_n), \mu_R(x_1, \ldots, x_n)) \mid (x_1, \ldots, x_n) \in X_1 \times \ldots \times X_n\}$$

Es soll nun eine Relationsmatrix zu einer Fuzzy-Relationsmatrix verallgemeinert werden. Wir gehen von den gleichen Grundmengen aus und definieren die Menge der Wertepaare *(x, y)* für die

---

[23] Vgl. Drechsel, D. (1996), S.41ff.
[24] Vgl. Kahlert/Hubert (1994), S.23ff.

$x \approx y$ gilt. Die Zugehörigkeitsgrade werden dabei subjektiv beurteilt, sodass die Relationsmatrix in Abbildung 7 entsteht:[25]

$\tilde{R}: x \approx y$	x╲^{y}	3	4	5	6
	1	0,4	0,1	0	0
	2	0,7	0,4	0,1	0
	3	1	0,7	0,4	0,1
	4	0,7	1	0,7	0,4

Abbildung 7: Fuzzy-Relationsmatrix der Beispielmengen X und Y (vergleiche Kahlert/Hubert 1994, S.24)

4 Anwendungsgebiete der Fuzzy-Mengenlehre

Die Anwendungsgebiete der Fuzzy-Mengenlehre sind vielfältig und reichen von den Bereichen Management, Versicherungen und Medizintechnik bis hin zur künstlichen Intelligenz. Die erste Fuzzy-Regelung wurde 1983 in Japan in Betrieb genommen. Diese Regelung diente zur Steuerung einer Abwasserreinigungsanlage.[26] Auf Grundlage dieses Fuzzy-Reglers folgten viele weitere in Produkten wie Waschmaschinen, Autofocus-Kameras, Staubsaugern, Mikrowellenherden, etc.[27] Wie bereits angedeutet findet die Fuzzy-Theorie auch Anwendung im Bereich des Managements. So lassen sich anspruchsvolle Managementaufgaben nicht immer scharf mit ja oder nein beantworten. Vielmehr geht es um ein Abwägen unterschiedlicher Einflussfaktoren und die Antwort für eine Problemlösung lautet oft „ja unter Vorbehalt" oder „sowohl als auch".[28] Des Weiteren wird im Controlling häufig mit Scoringmodellen gearbeitet, die beispielsweise zur Leistungsmessung von Kunden verwendet werden. Diese Modelle verursachen häufig eine Über- oder Unterbewertung bestimmter Kunden, diesem Problem kann mit unscharfen Klassifikationsklassen begegnet werden.[29] Ein weiteres spannendes Anwendungsgebiet findet sich in der intelligenten Schadensprüfung, mit der sich Versicherungsunternehmen vor Versicherungsbetrug schützen.[30]

---

[25] Vgl. Kahlert/Hubert (1994), S.25ff.
[26] Vgl. Biewer, B. (1997), S.33.
[27] Vgl. Zimmermann (1993), S.207.
[28] Vgl. Meier/Portmann (2019), S.1.
[29] Vgl. Meier/Portmann (2019), S.25.
[30] Vgl. Nell/Schiller (2002), S.15ff.

Der wohl weitverbreitetste Anwendungsbereich der Fuzzy-Theorie findet sich in wissensbasierten Expertensystemen.[31] Mit Hilfe von Expertensystemen wird versucht, das Problemlösungsverhalten von Menschen nachzubilden, indem menschliches Wissen in symbolischer Form, d. h. mittels sprachlicher Begriffe und durch einschlägige Kombinationsregeln dargestellt wird.[32] Ein Expertensystem teilt sich auf in: Input, Output, Wissensbasis und Interferenzmaschine. Dabei ist die Wissensbasis der Bereich des Systems, der das Fachwissen enthält und die Interferenzmaschine die Hard- oder Software, mit der auf der Wissensbasis operiert werden kann.[33] Die Fuzzy-Theorie bietet sich in dem Bereich der Expertensysteme besonders an, weil der Dialog zwischen dem Expertensystem und dem Experten respektive dem Benutzer durch die Verwendung linguistischer Variablen erleichtert wird und zum anderen kann hierdurch auch unsicheres Wissen in der Wissensbasis dargestellt werden.[34] Nicht außer Acht sollte allerdings gelassen werden, dass Fuzzy-Expertensysteme noch nicht so weit fortgeschritten sind wie beispielsweise der Bereich der Fuzzy-Regler. Der Grund dafür liegt in der großen Komplexität der allgemeinen Wissensmodellierung.[35]

5 Schlussbetrachtung

Ziel der Arbeit war es, die Grundlagen der Fuzzy-Mengenlehre zu beschreiben. Weiterhin war es die Aufgabe, praktische Anwendungen für die Fuzzy-Theorie ausfindig zu machen und insbesondere auf die Expertensysteme einzugehen. Abschließend wurde eine Prognose für den zukünftigen Einsatz der Fuzzy-Mengenlehre gefordert. So wurden in der vorliegenden Arbeit die Grundlagen der allgemeinen Mengenlehre beschrieben und die Entstehungsgeschichte der Fuzzy-Theorie zusammengefasst. Es wurde sich im Bereich der allgemeinen Mengenlehre mit ausgewählten Operationen und Gesetzen beschäftigt, um den engen Rahmen dieser wissenschaftlichen Arbeit nicht zu sprengen. Im nächsten Abschnitt wurde sich der Fuzzy-Mengenlehre gewidmet, dabei wurde ein Vergleich zwischen der natürlichen und der formalen Sprache sowie scharfen und unscharfen Mengen vorgenommen. Ergänzend wurde auf ausgewählte Fuzzy-Mengenoperationen eingegangen und der Bereich der Fuzzy-Relationen beleuchtet. Im nächsten Kapitel wurden einige Anwendungsgebiete genannt, wobei das Hauptaugenmerk auf den Expertensystemen lag. Anschließend folgt nach der Zusammenfassung

---

[31] Vgl. Frank, H. (2002), S.207ff.
[32] Vgl. Klüver/Klüver/Schmidt (2012), S.177.
[33] Vgl. Hennings, R.-D. (1990), S.247ff.
[34] Vgl. Styczynski/Rudion/Naumann (2017), S.2ff.
[35] Vgl. Styczynski/Rudion/Naumann (2017), S.6.

des Inhalts ein Ausblick auf den zukünftigen Einsatz der Fuzzy-Mengenlehre. Zusammenfassend lässt sich feststellen, dass die Zielvorgaben erfüllt wurden - auch wenn aufgrund des engen Rahmens nicht allen Bereichen allumfassend Rechnung getragen werden konnte. So wäre beispielsweise eine detailliertere Ausführung der Anwendungsgebiete und Funktionsweisen der Fuzzy-Theorie interessant gewesen.

Abschließend lässt sich konstatieren, dass die formalen Modelle strikteren Regeln unterliegen als die menschliche Sprache, wodurch Fehlinterpretationen vermieden, Vermutungen bewiesen und Zusammenhänge abgeleitet werden können. Dafür hat die menschliche Sprache - demnach auch die Fuzzy-Theorie - den Vorteil, dass unscharfe Konzepte direkt verarbeitet werden können und Zwischenstufen für die Zugehörigkeit eines Elements bestehen. Insbesondere diese Vorteile der Fuzzy-Methodik führen zu der Einschätzung, dass das zukünftige Einsatzgebiet der Fuzzy-Mengenlehre vielfältig ist und großes Potenzial bietet. Künstliche Intelligenz ist omnipräsent, da der Trend zur Automatisierung unaufhaltsam zunimmt. Ein Beispiel für das enorme Potenzial der Fuzzy-Theorie liegt im autonomen Fahren, welches das Verkehrssystem revolutionieren würde wie keine andere Innovation. Auch der Bereich des Wissensmanagements in Unternehmen nimmt immer weiter zu. So kann dem Fachkräftemangel durch strategisches Wissensmanagement, welches auch den Erhalt von Wissen impliziert, begegnet werden. Insbesondere diese Wissensbasis steht im Fokus der Entwicklung von Expertensystemen. Auch gesellschaftlich lässt sich ein Trend weg vom „schwarz-weiß-Denken" wahrnehmen. Durch die Globalisierung wird die Welt offener und eine Einteilung in richtig oder falsch ist nicht zwangsläufig gegeben. Genau diese Aspekte verkörpert die Fuzzy-Theorie. Allerdings sollte die Komplexität dieser Systeme nicht unberücksichtigt bleiben, sodass Fortschritte in diesem Bereich nicht als selbstverständlich betrachtet werden sollten.

6 Literaturverzeichnis

1. **Kohn, Wolfgang und Öztürk, Riza.** *Mathematik der Ökonomen - Ökonomische Anwendungen der linearen Algebra und Analysis mit Scilab.* Berlin : Springer-Gabler, 2018.

2. **Jerems, Stefanie und Fritz, Andreas.** *Systemdesign - Fuzzy I.* o.O. : AKAD Lerneinheit, o.J.

3. **Bothe, H.-H.** *Fuzzy Logic: Einführung in Theorie und Anwendungen.* Berlin/Heidelberg : Springer-Verlag, 1995.

4. **Kruse, Rudolf, et al.** Fuzzy-Mengen und Fuzzy-Logik. *Computational Intelligence - Eine methodische Einführung in Künstliche Neuronale Nettze, Evolutionäre Algorithmen, Fuzzy-Systeme und Bayes-Netze.* Wiesbaden : Springer Vieweg, 2015.

5. **Nischwitz, A., et al.** *Computergrafik und Bildverarbeitung.* Wiesbaden : Springer-Verlag, 2011.

6. **Drechsel, D.** *Regelbasierte Interpolation und Fuzzy Control.* Wiesbaden : Springer-Verlag, 1996.

7. **Kahlert, Jörg und Hubert, Frank.** *Fuzzy-Logik und Fuzzy-Control.* Wiesbaden : Vieweg & Teubner Verlag, 1994.

8. **Meier, Andreas und Portmann, Edy.** *Fuzzy Management - Trilogie Teil II: Einsatz der unscharfen Logik für Business Intelligence.* Wiesbaden : Springer Vieweg, 2019.

9. **Unbehauen, Heinz.** *Regelungstechnik I: Klassische Verfahren zur Analyse und Synthese linearer kontinuierlicher Regelsysteme, Fuzzy-Regelsysteme.* Wiesbaden : Springer-Vieweg, 2008.

10. **Frank, Hubert.** *Fuzzy Methoden in der Wirtschaftsmathematik.* Braunschweig/Wiesbaden : Vieweg/Teubner Verlag, 2002.

11. *Grundbegriffe der Mengenlehre.* **Walter, Rolf.** Dortmund : Technische Universität Dortmund Fakultät für Mathematik, 2009.

12. **Schröder, Dierk und Buss, Martin.** *Intelligente Verfahren: Identifikation und Regelung nichtlinearer Systeme.* Berlin/Heidelberg : Springer Vieweg, 2017.

13. **Biewer, Benno.** *Fuzzy-Methoden: Praxisrelevante Rechenmodelle und Fuzzy-Programmiersprachen.* Berlin, Heidelberg : Springer, 1997.

14. **Zimmermann, H.-J.** *Fuzzy Technologien: Prinzipien, Werkzeuge, Potenziale.* Düsseldorf : VDI Verlag, 1993.

15. **Nell, Martin und Schiller, Jörg.** *Erklärungsansätze für vertragswidriges Verhalten von Versicherungsunternehmern aus Sicher der ökonomischen Theorie.* Hamburg : Working Papers on Risk and Insurace Hamburg University, 2002.

16. **Klüver, C., Klüver, J. und Schmidt, J.** *Modellierung komplexer Prozesse durch naturanaloge Verfahren: Soft Computing und verwandte Techniken.* Wiesbaden : Springer, 2012.

17. **Hennings, R.-D.** Expertensysteme als neue Zugangssysteme zur Fachinformation. [Buchverf.] M. Buder, W. Rehfeld und T. Seeger. *Grundlagen der praktischen Informationen und Dokumentation: Ein Handbuch zur Einführung in die fachliche Informationsarbeit.* München : Walter de Gruyter, 1990.

18. **Styczynski, Zbigniew A., Rudion, Krzysztof und Naumann, Andre.** *Einführung in Expertensysteme: Grundlagen, Anwendungen und Beispiele aus der elektrischen Energieversorgung.* Berlin : Springer, 2017.

BEI GRIN MACHT SICH IHR WISSEN BEZAHLT

- Wir veröffentlichen Ihre Hausarbeit,
  Bachelor- und Masterarbeit

- Ihr eigenes eBook und Buch -
  weltweit in allen wichtigen Shops

- Verdienen Sie an jedem Verkauf

Jetzt bei www.GRIN.com hochladen und kostenlos publizieren